学会保护自己

我不跟陌生人走!

远离诱拐和绑架的危险

[日]岛崎政男／文　　[日]住本奈奈海／图　　周姚萍／译

青岛出版社
QINGDAO PUBLISHING HOUSE

嘿，小赞、小恩，最近有诱拐和绑架孩子的事件，往往发生在大家上学和放学的路上，或是公园等游乐场所。

你们知道怎样做才不会被诱拐或绑架吗？

我妈妈说："绝对不能跟陌生人走！"

红鼻头
阳光小区里的小狗，是大家的好朋友，常和大家一起玩耍，一起商量事情。

我妈妈说："不要单独外出！"

说得都很对。不过，你们有没有遇到过危险状况呢？

小赞
活泼好动的男孩子，喜欢踢足球。

有一次，一个不认识的阿姨让我上她的车。

小恩
安静温柔的女孩子，喜欢唱歌。

我遇到过不认识的叔叔向我问路，还让我给他带路。

一些重要的安全常识，爸爸妈妈和老师肯定已经告诉过你了。不过，真正遇到危险状况时，你知道该怎样保护自己吗？比如：有人向你问路时，你要注意些什么？

想一想：如果遇到了危险状况，该怎么办呢？

这本书会教给你很多保护自己的方法！

智慧爷爷
阳光小区里最有学问的狗爷爷，
十分关心孩子们的安全。

目 录

怎样做才能保护好自己呢？
请大家一边阅读小赞和小恩的故事，一边想想自己遇到类似的事时该怎么办吧！

有人对你说"你妈妈出事了，快跟我上车"，该怎么办？

这天放学后，小恩正和朋友们说"再见"，突然有个陌生的阿姨从路边停着的一辆汽车里伸出头来，大声叫小恩的名字。

4

小恩听说妈妈出了车祸，吓得快要哭了。可是，随便上陌生人的车，会不会有危险呢？要不要先给爸爸打个电话，确认一下情况呢？小恩该怎么办？

如果有人想要强行拉你上车，你就大声呼救并赶快逃走

当你听说家人出车祸或是生病了，一定会吓一大跳，还会担心得不得了。坏人就是要利用你的这种心理来骗你。

他们通常会坐在车子里，朝你喊"快上车，和我一起到医院去！""快上车，我送你回家！"……这种情况往往发生在你单独一个人的时候。

然而，不管对方说什么，你都不要上陌生人的车。如果他们强行拉你上车，你就大声呼救，并且赶快逃走。

要记住：平常走路时，不要太靠近那些停在路边的汽车，以免被突然强行拉上车；不管是去上学还是放学回家，或是去经常玩耍的公园，都不要单独一个人。

另外，像停车场那种停放了很多汽车的地方，或是像停止施工的工地、铁路附近那种平常很少有人经过的地方，也不要一个人去！

不要靠近路边的汽车

当你从停在路边或停车场里的汽车旁经过时，一定要特别小心。

不管汽车里的人是大喊你的名字，还是说他是你妈妈的朋友，只要是陌生人，就一定不要上他的车。

即使是认识的人说你妈妈出事了，你也要告诉他你得先回家问清情况。千万不要随便上他的车！

大声呼救

如果有人想要强行拉你上车，你就大声呼救。为了引起旁边路人的注意，你可以大喊："抓坏人！救命啊！"

不要单独外出

不管是上学、放学、去游乐场，还是去朋友家或外出就餐，都不要单独一个人，一定要和大人或者朋友一起。另外，要避免一个人在公园里玩，特别是清晨和天黑以后。

停车场、工地、铁路旁、高架桥下或地下通道里，都是较少有人去的地方，不要一个人去！

要是被人诱骗上车，可就糟糕了！小恩不会有事吧？

7

星期天，妈妈带着小恩和弟弟小亮来到超市。妈妈进去买东西时，小恩和弟弟小亮就在停车场里玩……

小朋友，你们的妈妈临时有急事，先回去了，她让我来送你们回家。

来，快上车吧！

救命啊！

抓坏人！

虽然我当时大叫着逃走了，但现在想想还是有些害怕！我以后再也不敢在停车场玩了。

停车场里停放着很多汽车，有很多死角，万一在那里发生了危险，其他人是很难注意到的。真是可怕啊！

这样做，才能保护好自己！

为了不被陌生人强行拉上车，
请你这样做：

● 不在停放的汽车旁边玩耍。
● 绝对不上陌生人的车。
● 如果对方强行拉你上车，你就大声呼救，并且赶快逃走。

我曾经遇到过这样的事……

有陌生人向你问路，该怎么办？

放学后，小赞和朋友们一起回家。大家正高兴地聊天儿时，前面有个叔叔一边东张西望，一边走过来叫住了他们。

小赞，要不要去我家玩？

好啊，但是我得先跟我妈妈说一声。

爸爸刚给我买的机器人可以在客厅里走来走去……

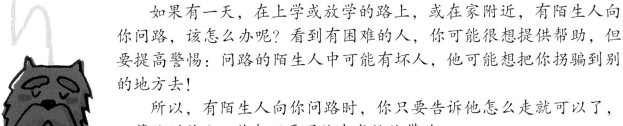

给别人提供帮助是做好事，但要先保护好自己

如果有一天，在上学或放学的路上，或在家附近，有陌生人向你问路，该怎么办呢？看到有困难的人，你可能很想提供帮助，但要提高警惕：问路的陌生人中可能有坏人，他可能想把你拐骗到别的地方去！

所以，有陌生人向你问路时，你只要告诉他怎么走就可以了，不管他说什么，你都不要跟他走或给他带路。

如果你没办法说清楚具体的走法，或者对方坚持说"请给我带路"，你可以指指旁边路过的大人，说："你可以问他。"如果旁边没有大人，你就跟对方说："我也不太清楚该怎么走，你还是去找个大人问问吧！"

总之，要记住：给别人提供帮助时，千万不要忽视自己的安全！

不要跟陌生人走

● 如果有陌生人请你带路，绝对不能独自跟他走。

● 就算那个陌生人不停地央求，你也不要听他的话。

如果你不仅知道路线，还能向问路的人说清楚，那是最好的。

不管那个陌生人怎样央求，你都绝对不能跟他走。

不要独自应对问题

有陌生人向你问路时，你可以看看附近有没有大人。如果恰好有大人经过，可以请这个陌生人去问路过的大人；如果路上只有你一个人，或者你旁边只有小朋友，你就说"我不知道"。

把遇到的事告诉家人和老师

如果你遇到了举止很奇怪的陌生人，回家后一定要马上告诉家人："我今天遇到了……"第二天上学时，也要对老师说一下。家人和老师知道你遇到了奇怪的人或事，一定会想办法保障你的安全！

小赞后来又遇到了什么情况呢？他会怎么做呢？

13

小赞和小朋友们在公园的空地上踢足球。旁边有个姐姐好像在找东西。

来踢足球啊！

好！

1

姐姐，你在找什么？

2

我的小狗不见了。你们和我一起去那边找找，好吗？

3

请你去找其他人帮忙吧！

4

虽然那个大姐姐看起来不像坏人，但是我们不认识她，不能跟她走。

如果遇到这种情况，我不会跟大姐姐走，但是会告诉她如果我看到了小狗，会把它送到附近的派出所去。

这样做，才能保护好自己！

被陌生人叫住时，请你这样做：

● 不管对方邀请你去哪里，你都要拒绝；就算对方央求你，也绝对不能跟他走。
● 如果对方还有问题，请他去问其他人。

我的一个朋友遇到过这样的事……

有人对你说"跟我来，给你好玩儿的东西"，该怎么办？

小恩的好朋友小勇和小朋友们在公园里玩时，常常遇到一个大哥哥。有一天，那个大哥哥说要送给小勇一些卡片，叫小勇跟他回家去取。

我常常看到那个大哥哥坐在旁边。

啊，你们的卡片真好看！

他还帮我捡过球呢！

有一天……

今天只有你一个人来玩吗？你喜欢卡片吗？

非常喜欢！

不好！小勇会跟那个大哥哥走吗？虽然小勇很想要新的卡片，可是单独跟大哥哥去会不会有危险啊？虽然以前经常见到那个大哥哥，但是小勇和他并不认识……

17

即使陌生人承诺要给你好玩儿的东西，你也绝对不能跟他去取

　　有许多好玩儿的东西可能是你尚未拥有，但很想得到的。看到这些梦寐以求的东西时，你往往会渴望得到。坏人可能会利用你的这种心理，想办法拐骗你。

　　骗子，可能是你完全不认识的人，也可能是你曾经见过面或是说过话的人。要是有陌生人对你说："跟我来，我给你好玩儿的东西！"你一定要坚决地回答："我不去！"

　　但是，就算你说"不去"，对方也可能会不停地劝你跟他走，甚至会抓住你，硬要把你带走。如果对方的力气比你大，他就能很容易地抓住你。为了避免这种情况发生，与陌生人相处时，你要跟对方保持一定的距离，以便自己在意识到有危险时能快速逃走。如果对方抓住你的手臂，你就用脚踢他、用牙咬他，趁他松开手时一边大声呼救，一边朝明亮、人多的地方跑。

与陌生人相处时……

● 　不管陌生人承诺送给你什么礼物，你都要坚持不跟他走。

● 　和陌生人说话时，要保持一定的距离。

　　当你听到陌生人说"你喜欢什么，我就送给你什么"或"跟我去吧，我会把这个东西送给你"时，一定要拒绝。

　　和陌生人说话时，要和他保持一定的安全距离。这样，万一发生危险状况，你才有机会马上逃走，脱离险境！

如果对方抓住了你的手臂，你就……

● 跺他的脚，踢他的腿，咬他的手。

　　如果对方突然抓住了你的手臂，你要尽量冷静下来，用没被抓住的手和脚踢打，或者用牙齿咬他，争取找到机会赶快逃走。

● 一边大叫"救命"，一边朝明亮、人多的地方跑。

一起来练习：和陌生人保持安全的距离

　　不管是谁，如果突然被陌生人抓住手臂，都会受到惊吓，感觉很害怕，甚至全身动都动不了。所以，与陌生人相处时，一定要保持安全的距离。平时，你可以和家人一起练习怎样和陌生人保持距离，以及被抓住时该如何逃跑。

● 伸出自己的手臂，和爸爸的手臂比一比。

　　看看你的手臂和爸爸的手臂长度相差多少。为了不被抓住，要保持多远的距离才行呢？
（答案在第 21 页。）

● 请爸爸抓住你的手臂，你来练习如何挣脱。

　　你要记住爸爸抓住你的力气有多大，并练习挣脱。经常做这种练习，当你遇到紧急情况时，会很有帮助的！

　　有备无患，多多练习非常重要！接下来，小赞又会遇到什么情况呢？

星期天，小赞和小朋友们一起来到商场的玩具店，那里有许多他们想要的玩具。这时，有个叔叔朝着他们走了过来。

这样做，才能保护好自己！

如果有人以一些理由要把你带走，请你这样做：

● 和对方说话时，保持两臂远的距离。
● 如果对方抓住了你的手臂，你就咬他、跺他、踢他，用力挣脱出来。
● 挣脱对方的手后，一边大声呼救，一边朝着明亮、人多的地方逃跑。

我把我朋友遇到的危险情况说给大家听听。

有人在你家附近叫住了你，该怎么办？

小赞的同学小健，因为爸爸妈妈工作都很忙，所以每天放学后，都是自己回家拿钥匙开门。

有一天……

回家喽！

我来开门！

你们家的快递，请签收！

来，我帮你拿进去！

咦?!

　　如果你边走边晃着钥匙玩，别人就会知道你要自己开门，而且你家里没有大人。瞧，那个送快递的叔叔推着小健进了屋。快递员根本没必要把东西送进屋啊！快帮小健想想：现在该怎么办呢？

即使在自己家附近，
也不要对周围的情况放松警惕

　　自己一个人回家或在家时，要把钥匙收好，不要让别人看见。如果坏人知道你是一个人在家，可能会对你做坏事。

　　独自回家拿钥匙开门前，你要仔细看看四周，确认附近没有奇怪的人后，再打开门。进门时，就算家里没有人，你也要大声喊："我回来了！"这样，周围的人就会认为你家里有人。

　　你一个人在家时，不管谁敲门，只要不是家人，都不要打开门。如果是快递员来送东西，你就隔着门对他说："请你放在门口，或其他时间再来。"

　　另外，和陌生人同处狭小的空间内是很危险的，所以，不要单独和陌生人一起乘电梯！

我回来了！

进家门前，先仔细看看
附近有没有可疑的人

● **大声喊："我回来了！"**

　　一个人回家时，为了不被人发现家里没有其他人，要把钥匙收好，不要露出来。开门前，要仔细看看四周，观察一下是否有可疑的人。即使家里没有人，进门时，你也要大声喊："我回来了！"然后快速进去，并关好门。

一个人在家时，不要让陌生人进来

● 如果有快递员来送东西，你就对他说："请你放在门口，或其他时间再来。"

即使知道是快递员来送东西，也不能随便给他开门！你可以通过门禁对讲机和他说话。如果家里没有门禁对讲机，就隔着门和他说话。

请你放在门口，或其他时间再来。

不要单独和陌生人一起乘电梯

在电梯这种狭小、很难逃走的空间里，很容易发生伤害事件，需要特别小心，要尽量避免单独和陌生人一起乘电梯。

即使在家里，或是在家附近，也需要小心，不能放松警惕。小恩接下来会遇到什么事呢？

小恩家在一栋大楼的六楼。

有一天，小恩等电梯的时候，有个她不认识的叔叔走了过来，要和她一起乘电梯。

1

2

进来吧！我们俩一起乘吧！

3

不用了，您先上去吧！

哼！

4

这样做，才能保护好自己！

在家附近或是家里，请你这样做：

● 独自回家时，开门前先观察一下四周，确认没有危险状况后再开门。

● 不单独和陌生人一起乘电梯。

● 一个人在家时，如果有陌生人敲门，不要打开门。

为了平安度过每一天，你该怎么做呢？

为了避免发生危险，我们已经学习了很多应对危急情况的方法。还有一点也很重要，那就是事先了解周围的环境：什么地方人很少，什么地方又阴暗又偏僻，等等。还要知道，万一遇到危险，可以逃到哪里去。在你突然面对危急情况时，这些信息会给你很大的帮助。我们一起来制作"我的安全地图"吧！

制作"我的安全地图"的步骤

● 需要准备的材料
图画纸、彩色铅笔、马克笔、剪刀、胶水、照相机、笔记本

❶ 和家人一起在家附近走一走，找出偏僻的、看起来比较危险的地方，拍下照片。

❷ 在图画纸上画出从家到学校的路线，再画上朋友的家和常去的公园、商店等的位置。

❸ 把图画纸挂起来，标注出要特别小心的地方，写下需要特别注意的事项，也可以把拍好的照片贴上去。

❹ 再和家人在家附近走一走，看看画好的地图是否存在错误。

在家附近走一走，把阴暗的地方、很少有人经过的地方都找出来。

我和妈妈一起走了走，用照相机把安全的地方和偏僻的角落都拍了下来。

森林公园里有很多树，白天也很暗。

这里有茂盛的大树，容易遮挡视线。

小健的家

这里
治安岗亭

大路上来来往往的车辆很多。

学校

在学校时，如果发生地震，就听从指挥，快速逃到操场上去。

小勇的家

在下面这张地图中，哪些地方是利于坏人做坏事的呢？

那些危险的地方，我们都不要靠近。

晚上遇到危险时，要朝明亮、人多的地方跑。

阳光小区安全地图

这里路灯很少，晚上很暗。

这里堆放着垃圾，很脏很乱。

社区活动中心

小赞的家

医院

桥下很暗。

商店

这里常有警察来巡逻。

★

110

小恩的家

邮局

加油站

这里停了很多汽车。

消防站

商店

车站

24小时营业。

公园

这里会有很多陌生人出入，要小心！

这里停了很多自行车，不好走。

这里晚上很暗，是危险的地方。

★ 在那些以前常出现安全问题的地方，警察会加强巡逻。

29

为了保护好自己，我们还要做好哪些事情呢？

住在同一个小区里的人，一定要互相帮助！以下这些防范措施，会让坏人不易得逞！

就算随身带着防身警报器，还是没办法放心。我们得再想些别的办法，看看怎样才能更好地保护自己。

● 互相打招呼。

在路上遇到邻居或熟人时，要大声地打招呼——"早！""再见！"……听到你们这样互相打招呼，有些人就不敢随便做坏事了。

● 遇到或发现奇怪的人或事时，马上告诉家人和老师。

在路上遇到或看到奇怪的人或事——比如发现有陌生人一直站在那里，感觉周围有和平常不一样的地方——要及时跟家人和老师说。

● 创造整洁的小区环境。

到处都是垃圾，墙壁上有很多涂鸦，自行车乱放……这种管理较差的小区很容易成为坏人侵扰的目标。我们每个人都行动起来，让小区变得干净又美丽吧！

美化环境

小朋友，读到这里，你还记得该注意哪些事项吗？

● 远离停在路边或向你靠近的车辆。
● 不单独外出或去玩耍。
● 不在阴暗的道路上行走，不去人少的地方。
● 有人问路时，不独自应对，要向附近的大人求助。
● 有陌生人给你东西时，要大声拒绝。
● 和陌生人保持安全的距离。
● 独自回家时，开门前要仔细确认四周的情况。
● 一个人在家时，不要让陌生人进门。
● 不单独和陌生人一起乘电梯。

就算对方喊出你的名字，也绝对不要跟他走！
如果他要强行带你走，你就这样做：

● 大声呼救，寻求帮助。
● 咬对方的手，踢对方的腿，趁对方松开手时赶快逃跑。
● 朝着明亮、人多的地方跑。

请爸爸妈妈帮你填写

遇到危险时，可以拨打这些电话求救！

● 附近派出所的电话号码

● 爸爸的手机号码

● 妈妈的手机号码

● ＿＿＿的电话号码

● ＿＿＿的电话号码

★ 你要记住自己家的地址和家长的手机号码，并且能清楚地说出来！

家庭地址	
家长的手机号码	

拥有更多保护自己的力量

　　有人向你问路时，你热心地给予帮助，是在做好事；发现有人丢了东西，你帮他一起找，也是在做好事。不过，如果一个陌生的大人来找小朋友帮忙，是不是有点儿奇怪呢？

　　的确有人假装遇到困难而请小朋友给予帮助，实际上却谋划着要对小朋友做出可怕的事情。所以，如果你想热心地帮助他人，请选择爸爸妈妈在身边的时候做吧。如果爸爸妈妈不在身边，你跟陌生人说话时，要保持适当的距离；对方请你为他带路时，你无论如何也不能跟他走。

　　另外，有些人可能会说要送东西给你，或是骗你说"你妈妈生病了"，想借此诱拐你、绑架你，所以，绝对不要跟陌生人走。

　　为了避免遇到可怕的事情，你应该记住：尽量不单独外出。必须一个人外出时，请牢记保护自己的方法，尽量远离危险。

　　把这本书中所写的注意事项都牢牢记住吧，这样，你就拥有更多保护自己的力量了！

岛崎政男

你要懂得怎样做才能保护自己！

学会保护自己

我不一个人忍耐！

抗拒欺凌行为的侵扰

[日]岛崎政男／文 [日]住本奈奈海／图 周姚萍／译

青岛出版社
QINGDAO PUBLISHING HOUSE

红鼻头

阳光小区里的小狗，是大家的好朋友，常和大家一起玩耍，一起商量事情。

住在阳光小区的小朋友们虽然感情不错，但是难免偶尔也会吵架或是打架。那些很霸道、爱欺凌人的人，真的很讨厌！

我和好朋友往常都是一起回家，有一天她突然不理我了，还躲着我，让我觉得很伤心！

最近有个人故意把我绊倒。我没有做错什么事，他那样做是在欺凌我！

原来你们都遇到过这种事！

小恩
安静温柔的女孩子，喜欢唱歌。

小赞
活泼好动的男孩子，喜欢踢足球。

你是不是每天都快快乐乐地去上学呢？

学校是学习的场所，学生时代是成长的重要阶段。

在学校里，可以学到很多有用的知识，还可以认识很多小朋友。和小朋友一起快乐地聊天儿、玩耍，偶尔吵吵架，这些都是成长中常有的事。然而，"欺凌弱小""孤立某人"等欺凌行为是不对的。你自己不做这些欺凌行为的同时，也要学会避免受到欺凌。如果受到了欺凌，你知道应该怎么做吗？

这本书会教给你很多保护自己的方法！

智慧爷爷
阳光小区里最有学问的狗爷爷，
十分关心孩子们的安全。

目 录

怎样做才能远离欺凌行为、保护好自己呢？

接下来，让我们一边看小恩和小赞的故事，一边动脑筋想一想吧！

3

我曾经遇到过这样的事……

原本很要好的朋友突然欺凌你，该怎么办？

下课了，小赞正要走出教室，突然，有人伸脚把他绊倒了。小赞回头一看，那个人竟是自己在学校足球队的队友。

小赞，你很了不起嘛！

是啊！是啊！

小赞好可怜啊!
大家昨天还和他一起开心地踢足球呢,为什么今天突然都欺凌他呢?
接下来,小恩会遇到什么事呢?

我也遇到过这样的事！有一天，我走出教室，发现平常总是在教室门口等我一起回家的小朋友们全都不在。

咦？

东张西望……

谁都不准搭理她！

老师再见！

在那边！

好朋友们突然都不理小恩了，她好伤心啊！为什么会这样呢？我们去问问智慧爷爷吧！

欺凌行为是不对的，
欺凌别人的人和被欺凌的人都不会开心

看了小赞和小恩的故事，你有什么感想？

你也有过和小朋友吵架或是打架的经历吧？如果小朋友之间发生了矛盾，诚心诚意地说声"对不起"或"我不是故意的"，通常彼此就会和好了。

然而，如果你单方面地被取笑或被捉弄，心里觉得很受伤、很想哭，那就说明你受到了欺凌。

一群人对一个人说出难听的话，甚至打他、踢他、排挤他、恐吓他，都是不对的。任何人都不能做这样的事，也不应受到这样的对待。如果你看到这种情形，却假装没看见，也是不对的！

"欺凌人"是很恶劣的行为，任何参与和看到的人都不会开心。

欺凌行为发生时，大家是什么心情？

欺凌行为发生时，欺凌别人的人、被欺凌的人，以及假装没看见的人，都不会开心。

被欺凌的人

好害怕！
好痛苦！
好难过！

为什么我
会被人欺凌？

我不想
去上学了！

欺凌别人的人

我很强，
我最厉害！

心情不
好！找个人
来发泄吧！

要是被
老师发现就
糟糕了！

假装没看到的人

被欺凌的
人真可怜啊！

其实我不
喜欢那些欺凌
别人的人！

不过……我还
是别管了，免得他
们以后欺凌我！

欺凌别人的人说的理由，全都是借口

● 他比我弱小，我忍不住想欺凌他！

他长得那么弱小，如果我跟他打架，一定会赢！

● 他长得跟别人不一样，所以我忍不住想欺凌他！

随便欺凌一下，她就哭了，真好玩儿！

她竟然天生就是卷曲的头发，真是个怪物！

他是个戴眼镜的书呆子！

● 他太嚣张了，我想教训教训他！

她竟然有那么多玩具，真让我嫉妒！

她那么喜欢装可爱，真讨厌！

如果你和别人有些不一样，别人就有可能因为这个欺凌你。

和大家有所不同，难道不好吗？

我认为"和别人有些不一样"并不是坏事。翻到下一页看看吧！

受到欺凌的孩子不要认为这是自己的错

世界上没有任何一个孩子是应该受到欺凌的，所以，如果你被欺凌了，千万不要有"一定是我做错事了"这种想法。

有些人欺凌你，可能是因为你和其他人有些不同，比如：你长着鬈发，或是戴着眼镜。但是，和别人不同并不是坏事，反而可能是优点。比如："胆小鬼"往往"温柔而善良"，"动作慢"也可以被看作"小心谨慎"。

你的家人或朋友知道你被欺凌了，或许会说："都是因为你太软弱了！"可是，你就是你，别人眼中的缺点或许恰恰是你的优点。

挺起胸膛，充满自信地对欺凌行为说"不"吧！

不责怪或讨厌自己

如果受到欺凌时，你总是认为"真的都是我自己的错"，那么，你现在要立即抛开这种想法，多想想自己的优点！

我是不是做错了什么事呢？

大家都讨厌我，说明我真的不够好。

我常常被欺凌，真是太可怜了。

我会一直受到欺凌的。

我没有做错事！

你本来就很棒！

其实我很棒！

我每天都练习踢足球，很勤奋！

你也很会唱歌！

我知道很多关于恐龙的知识。

向身边的人寻求帮助

如果你受到欺凌，心里感觉很难受，可以找身边的人说一说。你要明白：受到欺凌绝对不是件丢脸的事，不需要隐瞒。

老师，小强故意伸出脚把我绊倒了，我的铅笔盒也不见了，我该怎么办？

嗯，我们一起来想办法吧！

阿荣，你知道小强为什么欺凌我吗？

妈妈，小强他们总是欺凌我，我不想去上学了！

嗯……其实，是因为你踢足球踢得太好了。小强说，你一进球就很嚣张，我们要给你一点儿颜色瞧瞧！

怎么会这样呢？我们一起来想办法吧！怎么做才能让他们不再欺凌你呢？

制止欺凌行为的方法有很多。最重要的是，受到欺凌时，如果自己无法应对，一定要向身边的人寻求帮助。

制止欺凌行为的方法还有哪些呢？请翻到下一页，一起看看吧！

如果受到欺凌，不要默默忍耐

欺凌行为常发生在老师或家人不在、也没有其他人的地方，而且，欺凌你的人常会警告你"不要告诉老师！""如果你敢向大人告状，我还会打你！"……你如果不向大人寻求帮助，那么可能会再次受到欺凌，所以一定要诚实地向大人说出这件事。对家人或老师说出自己受到了欺凌，绝对不是件丢脸的事，不要觉得害怕或害羞。

"如果下次他再欺凌你，你就这样做……"老师和家人会给你一些建议和帮助，这样，你就能勇敢地面对想欺凌你的人。

记住：如果你遭受了欺凌，不要独自忍耐或烦恼，要及时寻求帮助，要相信自己不是一个软弱、容易被欺凌的人。

和家人、老师或朋友商量商量

"在学校里总受欺凌，我不想去上学了！"有这种想法时，不要害怕，把自己被欺凌的经过以及今后打算怎么办，都向家人或老师说说，大家一起来商量对策。

小强总是欺凌我，我不想去上学了！

他警告我"不要告诉老师"，我好怕他以后会一直欺凌我！

小赞，老师觉得你很勇敢！下次开班会时，我们就讨论"欺凌"这个话题吧！

怎么会发生这种事？好吧，爸爸和你一起想想办法，帮助你勇敢地去面对小强！

我会去找小强谈谈，让他以后别再欺凌你了。但是，小赞，以后小强踢球没踢进时，你也不要大声嘲笑他了！

大声说出"住手！"

　　如果别人对你做出一些你不喜欢的行为，你要大声说："住手！"

　　一个被欺凌得快要哭了的孩子，突然大声说出"住手"，对方一定会被吓一跳。

　　和家人一起想象、模拟你被欺凌时的情景，并练习如何勇敢面对。

住手！

住手！

看着对方的眼睛

抬头挺胸鼓起勇气

当面说出来

大声地说

受到欺凌时，试着问"为什么？"

　　受到欺凌时，你可以试着问对方一些问题。对方如果回答不出来，会思考一下，可能就不会继续欺凌你了。

如果有人叫你"大胖子"，你应该怎样回答？

到底该怎样回答呢？

你为什么这样叫我？你长得也很健壮啊！

在下一页，小赞的朋友小泰遇到了很讨厌的事。不过，他听从了我和红鼻头的建议，顺利地解决了问题。

傍晚，小赞的朋友小泰放学回家，经过公园时，被几个比他大的孩子叫住了。

喂，你身上有钱吗？

没有……我没有钱！

1

你敢说谎?!

拿出来！

2

住手！请你们不要这样对我！

啊？什么?!

3

老师！

4

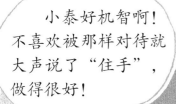

小泰好机智啊！不喜欢被那样对待就大声说了"住手"，做得很好！

小泰没有错，他可以理直气壮地说"住手"！

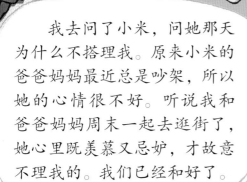

我去问了小米，问她那天为什么不搭理我。原来小米的爸爸妈妈最近总是吵架，所以她的心情很不好。听说我和爸爸妈妈周末一起去逛街了，她心里既羡慕又忌妒，才故意不理我的。我们已经和好了。

我也鼓起勇气，问大家是不是我做错了什么，这才知道我最近踢足球时总进球，得分后表现得有些得意忘形，没有顾及别人的感受，因此小强他们才联合起来欺凌我。不过，我们现在已经和好了。

受到欺凌时，这样做，才能保护好自己！

- 大声质问对方："为什么要这样对我？"
- 清楚地大声说："不要欺凌我！"
- 不独自默默忍耐，告诉家人、老师或朋友。
- 大声喊叫并逃走，向其他人寻求帮助。
- 机智、巧妙地回应对方说的话，争取制止对方的欺凌行为。

看到别人被欺凌，
我应该怎么做呢？

看到别人被欺凌，你却假装没看见，这样做对吗？

小恩的同学小希，不但聪明，长得也很可爱，大家都很喜欢她，她渐渐成了同学们的"头儿"。但是，另一方面，如果她看谁不顺眼，那个人就会受到大家的排挤。

有一天，下课后……

小希，你的发卡好漂亮啊！

啊，是小美！

小美又板着脸，真让人扫兴！

她总是不说话，不知道在想什么！

……

小恩觉得自己如果不赞同小希的话，可能也会受到排挤。这时候，她该怎么做呢？

看到别人被欺凌，却假装没看见，也相当于参与了欺凌行为

看到小朋友被欺凌，你一定会很生气吧？不过，有时候是不是因为害怕自己成为下一个被欺凌的对象，所以假装没看见呢？但是，你想过吗？由于你假装没看见，被欺凌的人继续受到欺凌，说不定会因为害怕而不敢来上学，甚至身体和心理都会生病。

"我没有欺凌他，这和我没关系。"这样的话说起来很简单，但是对吗？

在保护好自己的情况下，你应该鼓起勇气，想办法制止欺凌行为！那些欺凌别人的人，如果听到正义的声音，可能就会停止不当行为。

如果假装没看见，会怎么样呢？

欺凌行为发生时，不管你是觉得很有趣而在一旁叫好，还是仅仅是在看热闹，或是假装没看见而从旁边走过去，你的行为都跟欺凌人的行为一样过分。

被欺凌的人说不定也有错！

我想制止，心里却又很害怕！

如果我制止，他们可能会欺凌我，还是别说话了！

被欺凌的人

因为总是被欺凌，所以不敢去上学了。

欺凌别人的人

欺凌别人的次数越来越多，误认为这样做很酷。

小恩，再这样下去，说不定下次被欺凌的就是你了！

鼓起勇气，大声说出真相

说出真相，绝对不是件坏事。你勇敢地说出事情的经过，受欺凌的人可能会因此而得到帮助。

对欺凌别人的人说——

请不要这样对待小美！

什么？

对老师或家人说——

老师，小美被小希欺凌了！

对被欺凌的人说——

小美，我会尽力帮你的，有事情一定要跟我说！

在班会上说——

我看到有人被欺凌了！

太棒了！小恩终于勇敢地说出了真相。下一页，她会遇到什么事呢？

看到小希故意排挤刚转学来的同学小惠，小恩该怎么做呢？

20

如果看到有人被欺凌，在保证自身安全的情况下，请这样做——

- 质问欺凌别人的人："你为什么要这样做？"
- 对欺凌别人的人说："不要再欺凌人了！"
- 对被欺凌的人说："你没事吧？我会帮助你的！"
- 把事情告诉家人、老师或朋友，并寻求帮助。

21

我们班有个长得很高大的同学，名字叫"小广"……

有欺凌别人的想法时，该怎么办？

小广长得很高大，体育成绩也很好，是班里的"小霸王"。他要求同学们都听他的话，还常常欺凌那些"不听话"的同学。

喂，小良，你跑步跑得也太慢了吧！

就是因为你，我们班在接力比赛中才总是得不到第一名！

为什么会有欺凌别人的想法呢？

没有人天生就爱欺凌人或不欺凌人就会受不了，那么，人什么时候会想欺凌别人呢？为什么会产生那些想要欺凌别人的想法呢？

觉得别人都应该听自己的；别人没称赞自己"好厉害"，就觉得不高兴；看到别人轻轻松松地完成了自己做不到的事，觉得很生气；遇到讨厌的事，心情很不好……人们处于这类状态时，就有可能产生欺凌别人的想法。另外，有些孩子可能在家里受到暴力对待却无法发泄，到了学校就想欺凌别人。

不过，无论如何，这些都不是欺凌别人的理由！

想欺凌别人，是因为……

无法表达出自己内心的想法，干脆使用暴力。

在家里受到暴力对待，就通过在学校里欺凌别人来发泄。

很清楚自己是在做坏事。

认为自己比其他人都了不起，所以想做什么就做什么。

"大家都要乖乖地听我的话，都应该照着我的意思做！"

因为在家里得不到关爱，所以内心很孤单。

"既然大家都讨厌我，我干脆就做些更坏的事！"

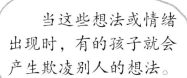

当这些想法或情绪出现时，有的孩子就会产生欺凌别人的想法。

24

想欺凌别人时，该怎么办？

● 把自己的想法说出来，或写在笔记本上。

　　找一个值得信赖的人，把心里的想法说出来。或者把做了什么、想做什么都写在笔记本上，整理整理思绪，让自己冷静下来。

● 远离你想欺凌的对象。

　　尽量远离那些你忍不住想要嘲笑、戏弄的人，这样能扼制想欺凌别人的念头。

　　如果身边有人能注意到你的孤单、不安，那就好了。不管是同学、老师，还是叔叔、阿姨，找这样的人倾诉一下，你的心情就会平静下来。

● 站在对方的立场想一想。

　　想一想：被欺凌的人心里会有什么感受？那种被欺凌的痛苦会对心灵造成很大的伤害，让他每天都生活在恐惧之中。不管是谁，都不应该让别人承受这种痛苦。

他竟然考了一百分！我真不服气！

爸爸妈妈都只疼爱妹妹，是我不够可爱吗？

希望爸爸妈妈能够和好。

我也觉得那样做很不好，但就是无法控制自己！

　　下一页，"小霸王"小广也遇到挫折了。这时候，大家会怎么做呢？

25

小广非常期待在今天的运动会上大展身手。可是，参加接力比赛时，小广不小心跌倒了，致使班级没有获奖……

走开！别挡路！

哼！

小广，好可惜啊，你差一点儿就赢了！

没关系，明年大家再一起努力吧！

对啊！

嗯……

平时体育成绩很好的小广，在比赛中不小心跌倒了，致使班级没有获奖，他的心情一定很糟糕！

小赞，你能对小广说出那些鼓励的话，真是太棒了！

如果小广以后不再欺凌别人了，大家一定会更喜欢他的。所以，只要有人主动对"小霸王"说"和我们做好朋友吧"，情况就可能会有大转变。

当你想欺凌别人时，请这样做——

● 想一想：如果你真的欺凌了别人，心里会有什么感受？
● 对信赖的人说一说这种想法。
● 想想对方的感受。

看到有人正在欺凌别人时，在保证自身安全的情况下，请这样做——

● 质问对方："你为什么要这样做？"
● 阻止对方："不要再做这种事了！"
● 告诉家人、老师或朋友。

怎样做才能让欺凌行为消失呢？

我们身边有欺凌别人的人和被欺凌的人，以及看见欺凌行为却假装没看见的人。不管这些人各自有什么想法和感受，欺凌行为都是不对的。

任何人都有优点，如果大家能多看到对方的优点，彼此间的感情一定会变好、加深。

让我们一起来想想：怎样做，大家才能成为好朋友，不互相欺凌呢？

找出对方的优点！

马铃薯游戏

● 需要准备的东西　　● 游戏人数
一人一个马铃薯　　　三个人以上

❶ **帮马铃薯起名字**
为自己拿到的马铃薯起一个名字。

❷ **为马铃薯编故事**
你的马铃薯多大了？它有没有兄弟姐妹？它喜不喜欢上学？

❸ **大家一起说一说**
你的马铃薯有哪些优点呢？

我的马铃薯名叫"小嘉"。

这是一个教大家找出别人身上的优点的游戏。

我的马铃薯圆圆的，所以叫"丸子"。

我的马铃薯缺了一块，所以叫"小凹"。

需要注意的事项，你记住了吗？

● 欺凌行为会让大家都不开心。

● 欺凌别人的人说的理由，都是借口。

● 受到欺凌的人不要责怪或讨厌自己。

● 如果受到欺凌，不要一个人忍耐，可以对信赖的人说一说。

● 如果认为自己受到了欺凌，就理直气壮地说："住手！"

● 如果看到欺凌行为却假装没看见，那么，你也是在参与欺凌行为。

● 想欺凌别人时，请调整一下自己的情绪。

不要默默忍耐，大家一起来让欺凌行为消失吧！

小嘉已经六岁了。你们看，它这里有个酒窝，长得好可爱！

嘿！

每一个马铃薯都长得不一样，各有特点。你们也一样，每个人都有不同的个性和特征，请互相欣赏、互相帮助！

丸子有一个哥哥，它们俩互相谦让，从不吵架。

小四喜欢上学，它的个性也很随和。

遇到困难时，可以拨打哪些电话寻求帮助？

不管是自己受了欺凌，还是看到别人被欺凌了，你除了可以跟老师、爸爸妈妈或小朋友商量，还可以拨打一些专线电话寻求帮助。

如果你正因为一些事情而烦恼，一时不知道该怎么办，又找不到人商量，可以拨打一些公益热线电话寻求帮助。

喂，您好，我是……

希望大家可以好好利用这些公共资源。

● 110 是报警电话，除了负责受理紧急性的刑事和治安案件报案，还接受人们突遇的或个人无力解决的紧急危难求助等。如果你遇到了危急情况，可以马上拨打 110 报警，寻求救助。

● 12338 是由全国妇联设立的维权公益服务热线，主要为妇女儿童提供咨询服务，并受理有关妇女儿童侵权案件的投诉。

作者的话

大家一起努力，让欺凌行为消失吧！

你有没有莫名其妙地受到过欺凌？欺凌别人的人会为自己的行为寻找种种借口，其中之一就是"你和我们不一样"。不过，一个人"和别人不一样"并不是件坏事，也绝对不代表那个人不好。

受到欺凌时，清楚地说出"不要""住手"并不容易，所以，你首先要明白，自己并没有做错什么，不要怪罪或讨厌自己，其次要常练习大声说"不"。遇到问题时，要和值得信赖的人商量，诚实地把事情说出来，千万不要默默忍受或独自烦恼。

当你发现有人受到欺凌时，会不会很想帮助那个人，却又害怕下一个受到欺凌的会是自己呢？你会这么想是可以理解的，但是，只有鼓起勇气，给受到欺凌的人一些鼓励，并及时找大人商量，才可能阻止欺凌行为的再次发生！

有时候，你看到别人比自己弱小，会不会想欺凌他呢？会不会觉得有人跟自己不一样，就想排挤他呢？一群人一起欺凌一个人，是恶劣的行为。"只是开个玩笑嘛！""是因为他自己不好！"……这些话都是借口。如果你明白自己受到欺凌时心里有多痛苦，就不会忍心去欺凌别人了。如果你是因为自己心里很痛苦而想去欺凌别人，那么请把困扰自己的事情告诉家人、朋友或老师吧！

读完这本书，你知道自己以后面对欺凌行为时该怎么做了吗？大家一起努力，让欺凌行为消失得无影无踪吧！

岛崎政男

大家一起努力，让欺凌行为消失吧！

图书在版编目(CIP)数据

学会保护自己. 2, 我不一个人忍耐! / (日)岛崎
政男文;(日)住本奈奈海图;周姚萍译. — 青岛:青
岛出版社, 2021.6

ISBN 978-7-5552-9783-3

Ⅰ. ①学… Ⅱ. ①岛… ②住… ③周… Ⅲ. ①安全教
育 – 儿童读物 Ⅳ. ①X956-49

中国版本图书馆CIP数据核字（2021）第089621号

Hitori de Gaman Shinaiyo!
Supervised copyright © 2006 by Masao Shimazaki
Illustrations copyright © 2006 by Nanami Sumimoto
First published in Japan in 2006 by AKANE SHOBO Publishing Co., Ltd., Tokyo
Simplified Chinese translation rights arranged with AKANE SHOBO Publishing Co., Ltd.
through Japan Foreign-Rights Centre/Bardon Chinese Creative Agency Limited
本书译稿由台湾远见天下文化出版股份有限公司授权使用。
山东省版权局著作权合同登记号 图字：15-2021-130号

书　　名	学会保护自己
	XUEHUI BAOHU ZIJI
分 册 名	我不一个人忍耐!
文　　字	［日］岛崎政男
绘　　图	［日］住本奈奈海
翻　　译	周姚萍
出版发行	青岛出版社
社　　址	青岛市海尔路 182 号（266061）
本社网址	http://www.qdpub.com
邮购电话	0532-68068091
责任编辑	崔　晨
封面设计	桃 子 稻 田
照　　排	青岛乐喜力科技发展有限公司
印　　刷	青岛乐喜力科技发展有限公司
出版日期	2021 年 6 月第 1 版　2021 年 6 月第 1 次印刷
开　　本	16 开（889mm×1194mm）
印　　张	6.75
字　　数	130 千
书　　号	ISBN 978-7-5552-9783-3
定　　价	135.00 元（全 3 册）

编校印装质量、盗版监督服务电话 4006532017 0532-68068050

学会保护自己

我要大声说"不"！

避免性侵犯和家庭暴力的伤害

[日]岛崎政男／文　　[日]住本奈奈海／图　　周姚萍／译

青岛出版社
QINGDAO PUBLISHING HOUSE

有些坏人会做出伤害你身体和心灵的事：他们可能突然出现在你面前，强迫你做不愿意做的事；或是假装很有爱心地对你说"我开车送你吧"，把你骗上车后，在车上对你做些坏事……更令人难以接受的是，这些坏人很可能是你身边的熟人。还有可能家人会对你使用暴力，却对你说"这都是为了你好"。

万一真的被坏人或家人伤害了，你该怎么办呢？

这本书会教给你很多保护自己的方法！

智慧爷爷
阳光小区里最有学问的狗爷爷，
十分关心孩子们的安全。

目 录

红鼻头，
我有件事情想
跟你说……

小桃，你怎么了？

3

如果你被强行拉到阴暗处……

放学回家的路上，我突然想起来把笛子忘在教室里了，只好自己返回学校去拿。

因为想快点儿回到学校，所以我选择了一条近路。那条近路又偏僻又狭窄，我知道自己一个人时最好不要从那里走，但是天还亮着，我又很着急，所以……

走着走着，突然，从小胡同儿里冲出来一个陌生的男人，他抓住我的手臂，把我强行拉到胡同儿的阴暗处。

那个男人捂住我的嘴巴，不让我叫出声来。我当时非常害怕，身体一直发抖，全身都没了力气，动都动不了。接下来，那个男人就在我身上摸来摸去。我觉得更害怕了，就大声哭了起来。可是，那个男人竟然要掀我的裙子！我鼓起所有的勇气，用力咬了他的手，然后大叫"不要"。

小桃好可怜，竟然遇到这么可怕的事！如果你遇到了这种事，会怎么做呢？

性侵犯是绝对不能被容许的事！

　　我们能充满活力地度过每一天，要感谢自己唯一而珍贵的身体。我们的身体非常重要，必须好好保护，不应该被任何人伤害。不过，很不幸的是，有些坏人却总想伤害别人的身体。

　　坏人可能会趁旁边没有其他人的时候把一个人带走，脱掉他的衣服，在他身上乱摸，或是做一些很奇怪的、让人觉得很厌恶的事。坏人的这种行为就是在进行性侵犯。

　　我们必须远离和制止性侵犯，因为它会深深伤害我们的身体和心灵。记住：不管是谁，都不能对我们做这种事！

　　平时，要避免独自外出，更不要一个人去阴暗、很少有人走动的地方。另外，心里有"好像哪里不对劲儿""我不喜欢这样"的想法时，一定要提高警惕。

身体是非常珍贵的，要好好爱护

　　你的身体非常珍贵，任何人都不能随意触摸。如果有人强行触摸你的身体，对你的身体和心灵造成了伤害，那可能就是在性侵犯。

　　性侵犯是恶劣的行为，不管是谁，都不应该对别人做这样的事。

你是爸爸妈妈的宝贝！

要好好保护你自己！

心里有"好像哪里不对劲儿"的想法时，要特别小心

坏人往往在你独自一人时对你施加伤害。

即使无法说清楚，但当你感觉"好像哪里不对劲儿"时，就应该马上逃离那个地方。这种临近危险时的直觉，可以提醒你远离危险、保护自己。

这样做，可以尽量避免受到性侵犯

● 不独自外出。
● 不靠近停放在路边的车辆。

● 不去很少有人去的阴暗处。

● 绝对不跟陌生人或不太熟悉的人走。
● 觉得"哪里不对劲儿"时，马上逃走。

如果不幸受到了性侵犯，该怎样做呢？翻到下一页，一起看看吧！

如果受到了性侵犯，记住：是坏人犯了错！

在日常生活中，尽量避免和陌生人说话、不走人较少的道路、不靠近停在路边的车辆……尽管这些你都做到了，还是可能有"独自外出"等情况，也就可能会受到伤害。

如果你受到了性侵犯，身体和心灵必定都很痛苦，不但会很没有安全感，还可能会认为是自己犯了错，所以才会遇到这种事情。但是，你要明白：是对你做出坏事的人犯了错，你没有错！

如果遭受了性侵犯，千万不要独自烦恼或忍受痛苦，要把事情说出来，和家人或老师商量对策。只有这样，坏人才会受到惩罚，不再侵犯你和他人。

你没有犯错，不要责怪自己

如果你遭遇到性侵犯这种令人讨厌的事，可能会这样想——

太可怕了！ ➤ 因为我不够好，才会遇到这种事。我是个坏小孩！ ➤ 把不开心的事忘掉吧！就当作什么事都没有发生过。

可是，我真的很痛苦。我该怎么办？谁能帮帮我？

遇到这种事，并不是你的错，所以，你不要独自烦恼，应该把事情和家人或老师说一说。

如果受到了性侵犯，该怎么办？

● 大声说："不要！"

● 要是被抓住了，就想办法逃脱。

咬对方的手！

踩对方的脚或踢对方的腿！

● 朝着明亮、人多的地方跑，并尽量制造出很大的声响。

● 如果坏人想强行把你带走，你又无法马上逃脱，可以蹲下来，紧紧缩成一团。

加油！

像蜷缩的穿山甲一样把身体紧紧缩成一团。

大家一定要牢牢记住面对紧急情况时的逃走方法。
小桃后来怎么样了呢？

恰好有人经过，听到了小桃的呼救声，马上赶过来救了她。后来，那个坏人被警察带走了，小桃也赶紧回了家。

小桃，发生什么事了？跟妈妈说说好吗？

妈妈，我……

好可怕！谢谢你告诉妈妈。不管发生了什么事，都不是你的错！

如果有人想要侵犯你，请这样做：

- 大声说"不要"，并且赶快逃走。
- 如果被坏人抓住了，先冷静下来，不要激怒对方，再寻找机会逃脱。
- 不要认为是自己犯了错。
- 把事情的经过告诉信赖的人，并和他商量对策。

该不该跟妈妈说说我遇到的事呢?

叔叔让你脱掉衣服,还说:"这是我们之间的秘密!"

小赞的叔叔很随和,常常陪小赞一起玩,小赞很喜欢他。

可是,有一天却发生了这样的事……

很特别!

您看这只蝴蝶!

小赞,把衣服脱了,让叔叔看看你是不是长大了。

唉?

他虽然是小赞的叔叔，但是让小赞脱光衣服的做法还是很奇怪。小赞该怎么做呢？

分清"好的接触"与"不好的接触"

当妈妈抱着你的时候，你有什么感觉？闻着妈妈身上的气味，感受着妈妈的体温，是不是觉得很温暖？这就是"好的接触"，它会让你觉得很高兴、很安心。

"不好的接触"会让你觉得不舒服、厌恶。比如：被打、被踢的时候，你会因为疼痛而感到害怕；有人强行触摸你的身体时，你会产生怪异、厌恶的感觉。

你的身体非常珍贵，有些特殊部位更需要特别保护。你游泳时穿泳衣遮住的部位，是"只属于你自己的珍贵部位"，即使是很熟悉的人，也不能随意触摸。当然，如果爸爸妈妈和医生为了照顾你而需要触摸这些部位，在得到你的允许后，是可以接触的。

遇到"不好的接触"时，你要大声说"不要""住手"，并且尽快逃走。

你的身体只属于你自己

你的身体只属于你自己，别人是不能随意触摸的。那些"只属于你自己的珍贵部位"，尤其不能让其他人随意触摸。

如果有人强行看或触摸你身上的这些珍贵部位，你就大声说"不要"，并且马上逃走。

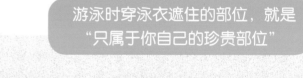

游泳时穿泳衣遮住的部位，就是"只属于你自己的珍贵部位"

学会区分"好的接触"与"不好的接触"

好的接触

感到温暖

感到安心

感到高兴

不好的接触

感到疼痛

感到厌恶

感到害怕

如果你很喜欢拥抱你、抚摸你的人，对方也很疼爱你，你就会觉得很愉快。

被殴打、被强行触摸身体，这些都会让人感觉很不舒服，甚至厌恶。如果遇到这类状况，你要马上躲开、逃走。

你能分得清"好的接触"和"不好的接触"吗？如果遭遇了"不好的接触"，要及时告诉你信赖的人。

有些秘密是不必保守的

"这是我们之间的秘密！""如果你跟别人说了这些秘密，我一定不会放过你！""不会有人相信你说的话！"……有些人对你做了坏事后，会说这类话来骗你或吓唬你，因为他们知道自己做了坏事，一旦你向别人说出了真相，他们就会受到惩罚。

如果遇到令你感到很厌恶的事情，一定要告诉家人、老师等你信赖的人，不要为坏人保守秘密。家人和老师不仅不会责怪你，还会对你说："你能说出来，真是太好了！这样大家才能帮你想办法解决问题。"

不为坏人保守秘密

如果你受到了伤害，即使对方跟你说"这是我们之间的秘密，不能跟别人说"，你也不要听从，而要尽快把事情的经过和自己的感受告诉值得信赖的大人。

嘘——这是我们之间的秘密，不能跟别人说！

感觉好奇怪……

受到伤害时，大声说"不要"

如果有"好像有些奇怪"之类的感觉，要马上逃走。如果受到侵犯，要大声说"不要"。

"不要"是说出来可以保护自己的一个词。

与信赖的人商量对策

对信赖的人说出你的经历后，他会想办法帮助你。另外，受过专业训练的人，如心理医生，也会认真倾听你的话，帮你抚慰受伤的心灵。

叔叔再次来到小赞家时，又走进小赞的房间，说想和小赞玩"变身游戏"。

小赞，我们一起玩"变身游戏"吧！

①

不要！那个游戏让我觉得很不舒服，我不想玩！

②

快跑！

③

妈妈，叔叔……

小赞，你能说出来，真是太好了！

④

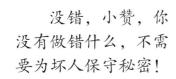

没错，小赞，你没有做错什么，不需要为坏人保守秘密！

后来，妈妈开始注意叔叔的一举一动，并对叔叔说不要带我玩奇怪的游戏。叔叔后来再也没有到我家来。

嗯！

太好了！

如果遇到了令你厌恶的事，请这样做：

- 坚决地说："不要！"
- 不为坏人保守秘密。
- 把事情的经过告诉信赖的人。
- 远离可能会伤害你的人。

小裕最近好像没精打采的。

爸爸打了你，却说："这都是为了你好！"

小恩发现同学小裕的头上和手上有伤痕，便问他："怎么了？很痛吗？"小裕却摇摇头，什么都没说。

小裕到底遇到了什么事呢？

喂，小裕，筷子是这样拿的吗？

20

家庭暴力是不对的行为

你可能有过这样的经历：爸爸对你说"不能去那里"，你却偏偏去了；妈妈对你说"不能做这种事"，你却偏偏做了。结果当然是你因此而受到责备。

会被责备是因为你做了不该做的事。但是，当你知道自己做错了，并且道歉说"我下次不会这样做了"时，家长就应该停止对你的责骂。

如果家长以凌辱、殴打等方式故意伤害你，虽然他说"都是为了你好"，却让你感觉身体和心灵都受到了很大的伤害，那他就是在实施"家庭暴力"。

你不应该无缘无故地受到责骂

你遇到过下面这些情况吗？自己没做错什么事，却被骂"坏孩子""笨蛋"；做错事后，你虽然认真地反省、道歉，却还是被狠狠地打了一顿……

如果是这样，绝不是你的错，你应该抬头挺胸地拒绝责骂，不应该垂头丧气。

我没做错什么事啊！

嗯！

爸爸妈妈对你做过这种事吗？
你心里有什么感受？

● 常常不给你饭吃，不让你洗澡，不给你穿干净的衣服，故意忽视你等。

● 殴打你，朝你泼凉水。

● 把你一直锁在房间里，禁止你外出。

● 用难听的话骂你。

● 把你关在门外，不让你回家。

遇到这些情况时，该怎么办呢？
请翻到下一页，看看应该怎么做吧！

如果遭受了家庭暴力，请告诉值得信赖的人

现在，你是否在家人、朋友的陪伴下，在很安全的地方幸福地过着每一天呢？每个人都希望过上这种安定的生活，然而，不幸的是，有些家庭的家长会用暴力伤害孩子。

如果你在家里遭遇到这种情况，受到了伤害，请和身边值得信赖的人聊一聊。

尽管伤害你的人会说"要保守秘密""不能对别人说"，但是你千万不要听他的话，要尽快找一个可以信赖的人商量一下。把自己的遭遇说出来可能需要勇气，也可能会让你觉得难为情，但只有这样做，你才能找到保护自己的办法，以后不再受到伤害。

不要保守秘密，要寻求帮助

如果你保守秘密，不把自己的遭遇说出来，类似的事情还会继续发生。

找一个信赖的人聊一聊，他不但可以帮你减轻心里的痛苦，还可能帮你找到解决问题的办法。

与值得信赖的人聊一聊，寻找解决问题的办法

 智慧爷爷，"值得信赖的人"是什么样的人啊？

 如果你跟某个人在一起时感觉很舒服，心情很放松，这个人就是值得信赖的人。

遇到没办法解决的事情时，你可以跟值得信赖的大人商量一下，争取得到帮助。

亲近的人

爸爸

妈妈

爷爷

奶奶

老师

叔叔　阿姨

救援机构的
工作人员

你身边是不是有这些人呢？遇到麻烦时，可以找他们商量一下！

25

小赞的同学百合正在学习弹钢琴。最近，她总是被妈妈打骂。

最近，百合的妈妈遇到了一些烦心事，心情很不好。

所以她才会对百合那么严格，也才会那么容易生气！

有的家长会因为自己心情不好，或是小时候曾经遭受过家庭暴力，而对自己的孩子做出暴力伤害。

好可爱！

好痒啊！

如果受到家庭暴力，请这样做：

- 不要为施加家庭暴力的人保守秘密。
- 不要独自忍耐。
- 尽快告诉值得信赖的人。

怎样做才能避免受到性侵犯和家庭暴力？

我们的身体很珍贵，要好好保护，以免受到伤害。为了不受到伤害，你平常必须注意很多安全细节。如果遭受到性侵犯或家庭暴力，一定要大声地说："不要！"还要把这件事向可以信赖的人说出来，找到解决问题的办法。

为了让自己能够安心、愉快地度过每一天，快来做做下面的练习吧！

和家人一起练习！

- 和陌生人保持两臂远的距离。

- 大声喊叫。

啊！

当你快被抓住的时候……

- 用尽全力咬对方的手。

请爸爸戴上手套帮助你练习，这样爸爸就不会太痛。

用力咬！

- 用力踩对方的脚，或踢对方的腿。

这些安全细节，你都记住了吗?

- 身体是很珍贵的，要好好保护。
- 尽量不独自外出。
- 不去很少有人经过的偏僻阴暗处。
- 不靠近停在路边的车辆。
- 绝对不跟陌生人走。
- 如果觉得"哪里不对劲儿"，马上逃走。
- 不接近行为怪异的人。
- 遇到讨厌的事情时，大声说"不要"，并且赶快逃走。
- 如果有人对你进行"不好的接触"，马上逃走。
- 不为坏人保守秘密。
- 把遭遇告诉值得信赖的人，寻找应对办法。

- 寻找机会逃跑。

请爸爸从后面扑过来抓你。你迅速缩起手臂，做出"装可爱"的姿势并蹲下来，让爸爸扑个空，你则趁机逃走。

当你快被带走的时候……

- 像蜷缩的穿山甲一样缩成一团。

蹲下来，双臂用尽全力紧紧抱住双腿，使自己像蜷缩的穿山甲一样缩成一团。如果你努力保持这种姿势，其他人就不容易马上把你带走。

受到伤害时，可以拨打哪些电话寻求帮助？

当你遇到危险、需要求救的时候，可以拨打110，请警察马上来救你；当你遇到烦心事，很想找人商量的时候，可以拨打12355青少年服务热线。

你一定要记住求救电话，在遇到危险状况时可以拨打求救。

● 110是报警电话，除了负责受理紧急性的刑事和治安案件报案，还接受人们突遇的或个人无力解决的紧急危难求助等。如果你遇到了危急情况，可以马上拨打110报警，寻求救助。

● 12355是由共青团中央设立的青少年心理咨询和法律援助服务热线，帮助青少年解决实际困难，促进青少年健康成长。

鼓起勇气，对不喜欢的事说"不"！

有些人可能觉得"你是小孩子""你比我弱小"，就对你施加暴力或是性侵犯。对你施加伤害的人，有可能是陌生人，也有可能是你身边的熟人，甚至是你的家人。

如果遇到这类事，该怎么办呢？

"是我不好。""这是我们之间的秘密，不能跟别人说。""他是我的亲人，只好忍耐。"……这些想法都是不对的。你要记住：犯错的是做坏事的人，而不是受到伤害的你。如果因为被触摸而感到不舒服，或是身体受到了暴力伤害，就要清楚地大声说"不要""住手"，并且赶快逃走。即使对方是你认识的人或者家人，你也不要忍耐。

另外，不要把遇到的事当成秘密藏在心里。做坏事的人可能会恐吓你"要是你把这件事告诉别人，会遭受更多伤害"，但事实是，如果你不说出来，才会遭受更多的伤害。

遭受伤害后，你要尽快找可以信赖的人商量。如果怕家人和老师担心，也可以对亲近的叔叔或阿姨讲讲。

读了这本书，你应该学会了很多保护自己的方法。记住：如果遭受了伤害，不要独自烦恼，要懂得求助；对不喜欢的事，要勇敢地大声说"不"。

岛崎政男

要勇敢地对不喜欢的事说"不"！

图书在版编目(CIP)数据

学会保护自己. 3, 我要大声说"不"！ /（日）岛
崎政男文；（日）住本奈奈海图；周姚萍译. — 青岛：
青岛出版社, 2021.6
　ISBN 978-7-5552-9783-3

　Ⅰ. ①学… Ⅱ. ①岛… ②住… ③周… Ⅲ. ①安全教
育－儿童读物 Ⅳ. ①X956-49

　中国版本图书馆CIP数据核字（2021）第089623号

"Iya!" to Iuyo!
Supervised copyright © 2006 by Masao Shimazaki
Illustrations copyright © 2006 by Nanami Sumimoto
First published in Japan in 2006 by AKANE SHOBO Publishing Co., Ltd., Tokyo
Simplified Chinese translation rights arranged with AKANE SHOBO Publishing Co., Ltd.
through Japan Foreign-Rights Centre/Bardon Chinese Creative Agency Limited
本书译稿由台湾远见天下文化出版股份有限公司授权使用。
山东省版权局著作权合同登记号　图字：15-2021-130号

书　　名	学会保护自己 XUEHUI BAOHU ZIJI
分 册 名	我要大声说"不"！
文　　字	［日］岛崎政男
绘　　图	［日］住本奈奈海
翻　　译	周姚萍
出版发行	青岛出版社
社　　址	青岛市海尔路 182 号（266061）
本社网址	http://www.qdpub.com
邮购电话	0532-68068091
责任编辑	崔　晨
封面设计	桃 子 稻 田
照　　排	青岛乐喜力科技发展有限公司
印　　刷	青岛乐喜力科技发展有限公司
出版日期	2021 年 6 月第 1 版　2021 年 6 月第 1 次印刷
开　　本	16 开（889mm×1194mm）
印　　张	6.75
字　　数	130 千
书　　号	ISBN 978-7-5552-9783-3
定　　价	135.00 元（全 3 册）

编校印装质量、盗版监督服务电话 4006532017　0532-68068050